AF537347

Tobias Deppler

Wirtschaftsstandort China

Direktinvestitionen in China im Kontext kultureller Unterschiede

GRIN Verlag

Bibliografische Information der Deutschen Nationalbibliothek:

Die Deutsche Bibliothek verzeichnet diese Publikation in der Deutschen Nationalbibliografie; detaillierte bibliografische Daten sind im Internet über http://dnb.d-nb.de/ abrufbar.

Impressum:

Druck und Bindung: Books on Demand GmbH, Norderstedt Germany
ISBN: 978-3-638-82715-7

Dieses Buch bei GRIN:

http://www.grin.com/de/e-book/76887/wirtschaftsstandort-china

GRIN - Your knowledge has value

Der GRIN Verlag publiziert seit 1998 wissenschaftliche Arbeiten von Studenten, Hochschullehrern und anderen Akademikern als eBook und gedrucktes Buch. Die Verlagswebsite www.grin.com ist die ideale Plattform zur Veröffentlichung von Hausarbeiten, Abschlussarbeiten, wissenschaftlichen Aufsätzen, Dissertationen und Fachbüchern.

Ruprecht-Karls-Universität Heidelberg

Fakultät für Chemie und Geowissenschaften

Geographisches Institut

Hausarbeit im Sommersemester 2007 zum Hauptseminar:

Wirtschaftsgeographie

Wirtschaftsstandort China: Direktinvestitionen im Kontext kultureller Unterschiede

Eingereicht von:

Tobias Deppler

(6. Sem. HF LA)

Heidelberg, den 19.06.07

INHALTSVERZEICHNIS

1. Einleitung

Die Wirtschaft der Volksrepublik China (im Folgenden: China) hat seit den marktwirtschaftlichen Reformen der Öffnungspolitik vor nunmehr drei Dekaden einen bemerkenswerten und rasanten Aufschwung erfahren. Hohe Wachstumszahlen, kräftige Devisenreserven, enormes Arbeitskräftepotential und attraktive Investitionslage berechtigen Analysten im Zusammenhang mit der sehr produktiven Entwicklung von einem „Wirtschaftswunder" zu sprechen. Der bevölkerungsreichste Staat der Erde wird bei anhaltender Expansion zu einer führenden Industrienation und politischen Supermacht aufsteigen.[1] Die gesellschaftlichen Umwälzungen, die durch den ökonomischen Strukturwandel stattfinden, erzeugen aber auch Negativeffekte und spiegeln Verwerfungen, Risiken und Schattenseiten des wirtschaftlichen Booms wider, der, eingebettet in sozialistische Strukturen und historische Dimensionen, erhebliche Stabilitäts- und Vertrauenseinbußen bewirken kann.[2]

Seit der Ausdehnung der Öffnungspolitik in den 1990er Jahren und insbesondere durch die Aufnahme Chinas in die WTO 2001 haben ausländische Direktinvestitionen (ADI) einen hohen Anteil an der dynamischen Wirtschaftsentwicklung Chinas.[3]

---

[1] China ist inzwischen die viertgrößte Volkswirtschaft der Erde. Anfang 2006 überholte es, nicht zuletzt wegen seines begehrlichen riesigen Absatzmarktes, Großbritannien. Die durchschnittliche jährliche Wachstumsrate liegt bei etwa neun Prozent (Industrie sogar elf Prozent) und nach den USA und Deutschland hat sich China als drittgrößte Handelsnation fest etabliert. Dem gewonnenen ökonomischen Selbstbewusstsein folgt eine neue ambitionierte Haltung der Volksrepublik im Hinblick auf aktive Integrations- und Außenpolitik. Macht- und Einflusspolitik in den USA, Europa, Asien und Russland, sowie Rohstoff-Investitionen in Afrika oder der Abbau von Handelshemmnissen (ASEAN Plus Three) sind Beispiele von global-wirksamen Handlungsorientierungen der Zentralregierung in Peking. Vgl. dazu: Gu, Xuevu: China als Akteur der Weltpolitik, in: Bundeszentrale für politische Bildung/bpb (Hrsg.): Aus Politik und Zeitgeschichte/APuZ, 49. Bonn, 2006, S. 3-8. Vgl. ebenso: Fischer, Doris: Chinas sozialistische Marktwirtschaft; China in der Weltwirtschaft, in: bpb (Hrsg.): Informationen zur politischen Bildung/IpB, 289: Volksrepublik China. Bonn, 2005, S. 9-14; 15-21.

[2] Zwar konnten breite Bevölkerungsschichten aus der Armut heraus geführt und gesellschaftliche Freiheiten gefördert werden, aber es bestehen aus westlich-demokratischer Sicht weiterhin eine Vielzahl von Problemen und Gefahren: Zu nennen sind rechtsstaatliche Mängel, hohe wirtschaftliche Staatsinterventionen mit neomerkantilistischen Anklängen und hohe Arbeitslosigkeit; weiterhin systemische Korruption, soziales Chaos, Landflucht, Demographieprobleme (Überalterung), wachsendes Wohlstandsgefälle oder ungehemmte Umweltzerstörung sowie Energiemangel. Vgl. hierzu: Kreft, Heinrich: China - die soziale Kehrseite des Aufstiegs, in: bpb (Hrsg.): APuZ 49/2006, S. 15-19. Zu den historischen Erfahrungen der Volksrepublik, vgl.: Heilmann, Sebastian: Kurze Geschichte der Volksrepublik China, in: bpb (Hrsg.): IpB 289/2005, S. 5-9.

[3] Neben der Außenhandelstätigkeit stellt die Direktinvestitionstätigkeit die zweite zentrale Säule der Internationalisierung dar. Vgl. hierzu: Kutschker Michael/ Schmid, Stefan: Internationales Management. Vierte, bearbeitete Auflage. München, Wien, 2005, S.80-98.

Diese wurden von der Zentralregierung zum Teil subventioniert und unter anderem dazu benutzt, regionale Disparitäten zu beseitigen[4] und exportorientierte Industrien zu fördern. Im Kontext der grenzüberschreitenden Zusammenarbeit zwischen privaten oder multinationalen Unternehmen stellt sich die Frage, wie sich trotz unterschiedlichster kultureller Identitäten ADI auf dem *emerging market* China verwirklichen lassen. Nach einem kurzen Überblick über die Bedeutung von Direktinvestitionen stellt der erste Hauptteil der Arbeit zunächst grundsätzliche systemtheoretische Überlegungen an, um auf den theoretischen Überbau hinzuweisen. Dabei werden Funktion und Reichweite von Nationalen Innovationssystemen thematisiert und in Zusammenhang mit interkultureller Zusammenarbeit gebracht. Im Vordergrund steht dabei die Veranschaulichung struktureller Operationen und einflussreicher Faktoren.

Da die Kraftfahrzeugbranche für die Volksrepublik China eine Säulenbranche darstellt und ihre „[...] Entwicklung entscheidend von deutschen Fahrzeugherstellern initiiert wurde [...]“[5], werden im zweiten Hauptteil interkulturelle Phänomene von deutsch-chinesischen Kooperationen in der Automobilindustrie untersucht. Die Ergebnisse werden branchenübergreifend und verallgemeinernd dargestellt. Nach einer kurzen Einführung in den Wirtschaftsstandort China steht eine akteurszentrierte Perspektive im Vordergrund, die Schwierigkeiten und Chancen kultureller Unterschiede vorstellt. Ausführende Gedanken fassen die wichtigsten Merkmale der theoretischen und praktischen Ausführungen zusammen. Die Arbeit soll auf Basis qualitativer Studien und einschlägiger Sekundärliteratur Wissen über interkulturelle Zusammenarbeit zusammentragen.

[4] Vor allem die errichteten Sonderwirtschaftszonen an der Ostküste profitierten in starkem Maße vom wirtschaftlichen Aufschwung und stehen in krassem Missverhältnis zu den schwächeren Regionen Zentral- und Westchinas, die wirtschaftlich angeglichen werden sollen.
[5] Verband der Automobilindustrie e. V. (VDA): Auto-Jahresbericht 2006. Frankfurt/Main, 2006, S. 14. [URL/1].

2. Ausländische Direktinvestitionen

Ein wichtiger Indikator der Standortattraktivität einer Volkswirtschaft ist die Entwicklung von ausländischen Direktinvestitionen.[6] China als *transition economy* kann ein hohes Potential und eine hohe Performance an ausländischen Direktinvestitionen vorweisen.[7] Ausländische Direktinvestitionen zeichnen sich durch grenzüberschreitende Finanzbeziehungen aus, die auf dauerhafte Kapitalbeteiligungen und Einflussnahme abzielen. Ein Investor muss mindestens zu zehn Prozent am Nennkapital oder den Stimmrechten eines Unternehmens in einem anderen Land beteiligt sein. Dabei wird ihm ein langfristiges Interesse unterstellt. Das Kontrollmotiv unterscheidet Direktinvestitionen von Portfolioinvestitionen. Diese Kontrolle kann absatzorientiert (Erschließung und Sicherung neuer Märkte), beschaffungsorientiert (*resource-seeking*), effizienzorientiert (*economies of scale/ economies of scope*) oder strategisch sein.[8] Für den chinesischen Markt sind Erstinvestitionen in Form von *joint ventures*[9] von herausragender Bedeutung. Werden diese Kooperationsbeteiligungen in Unternehmungen weiter aufgestockt, spricht man von Folgeinvestitionen. Die stetige Zunahme von *inflows* in *emerging states* verdeutlicht die Bedeutung von Direktinvestitionen als Chance für Entwicklungs- und Schwellenländer, Zugang zum Weltmarkt zu erhalten. China erhielt zwischen 2000 und 2004 durchschnittlich 26 Prozent der ADI in ökonomisch sich entwickelnden Staaten.[10]

---

[6] Im englischen Sprachgebrauch bezeichnet man ausländische Direktinvestitionen als *Foreign Direct Investment (FDI)*. Deutsche Publikationen (und diese Arbeit ebenso) nehmen oft an, dass der Terminus Direktinvestitionen (DI) ausländische Investitionen eindeutig umschließt und verzichten auf das Adjektiv „ausländisch". Doch gibt es ebenso inländische Direktinvestitionen. Vgl.: Kutschker, S. 80-82.

[7] Vgl.: United Nations Conference on Trade and Development: World Investment Report 2006 (WIR): FDI from Developing and Transition Economies: Implications for Development. New York, Geneva, 2006, S. 24. [URL/2].

[8] Vgl.: Kutschker, S. 80-85 und Deutsche Bundesbank: Monatsbericht September: Die deutschen Direktinvestitionsbeziehungen mit dem Ausland: Neuere Entwicklungstendenzen und makroökonomische Auswirkungen. Frankfurt/Main, 2006, S. 46. [URL/3].

[9] Die Partner eines *joint ventures* geben ihre Unabhängigkeit bzw. ihre Kompetenzen in einem bestimmten Unternehmensbereich zugunsten eines koordinierten Verhaltens auf. Durch gemeinsame Aktivitäten entstehen Wettbewerbsvorteile. Eine weitere Form von Investitionen sind *mergers&acquisitions (M&As)*, grenzüberschreitende Unternehmensfusionen und Betriebsübernahmen.

[10] Vgl.: Bundeszentrale für politische Bildung: Ausländische Direktinvestitionen (ADI) pro Jahr. [URL/4].

Da ein Großteil des ausländischen Kapitals in die Leichtindustrie investiert wird, stellt sich aber die Frage, warum Hoch- und Spitzentechnologie nicht zu den bevorzugten Investitionsobjekten gehören.[11] Vor allem die Integration multinationaler Unternehmen in neue Produktionssysteme, ihre potenzielle Entwicklung in die Transnationalität und ihr sozio-institutionelles Umfeld sind ohne die Genese unterschiedlicher Wirtschaftsstrukturen nicht ausreichend zu erklären.

[11] Vgl.: Kühl, Christiane/ Muscat, Sabine: Investitionen nach China erstmals leicht gesunken, in: Financial Times Deutschland. [URL/5].

3. Nationale Innovationssysteme und wirtschaftliche Globalisierung

3.1 Systemtheoretische Vorüberlegungen

Der Ansatz der Nationalen Innovationssysteme[12] versucht diese Differenz der Wirtschaftsstrukturen mit Hilfe von sozio-institutionellen und kulturellen Faktoren zu erklären und ihre Konsequenz für Akteure darzustellen. Er geht über den neoklassischen Ansatz des räumlichen Gleichgewichtes[13] hinaus und berücksichtigt zur Erklärung räumlicher Strukturen evolutions-ökonomische Perspektiven, die in systemtheoretischen Überlegungen verankert sind.[14] Die zentrale Frage lautet demnach zunächst: „Wie äußert sich die Prägung von Akteuren durch unterschiedliche nationale Strukturen auf ihr Kooperationspotential“ [15]?

Im Mittelpunkt der allgemeinen Systemtheorie stehen soziale Systeme, die selbstreferentiell sind, also durch sinnhafte Kommunikation ihre Elemente (Autopoiesis) und ihre Struktur (Selbstorganisation) selbst produzieren können. Diese Systeme sind kognitiv offen aber operational geschlossen, was nichts anderes bedeutet, als dass sie nicht in direkte Beziehung zueinander treten oder miteinander verschmelzen können, sondern lediglich durch Beobachtung (Interprenetation) und unter Verwendung von symbolisch generalisierten Kommunikationsmedien fähig sind, einander zu verstehen.[16]

Aufgrund unterschiedlicher Umweltvoraussetzungen, historischer Pfadabhängigkeit und originärer nationalstaatlicher Steuerungsmechanismen haben sich international unterschiedliche Institutionen und Technologien entwickelt, die in einem rekursiven Prozess kontinuierlich verfestigt und als (Wirtschafts-) Strukturen eines Innovationssystems angesehen werden können.

---

[12] Der Ansatz der Nationalen Innovationssysteme wurde seit den 1980er Jahren modifiziert. Wichtigste Vertreter sind Lundvall und Nelson. Vgl. dazu: Depner, Heiner: Transnationale Direktinvestitionen und kulturelle Unterschiede. Bielefeld, 2006, S. 25-38.

[13] Vgl. Bathelt, Harald/ Glückler, Johannes: Wirtschaftsgeographie. Stuttgart, 2002, S. 67-69.

[14] Vgl. Bathelt, S. 237-247.

[15] Depner, S. 38.

[16] Vgl. zur komplexen Materie der Systemtheorie: Luhmann, Niklas: Soziale Systeme. Frankfurt/Main, 1984.

Der Ansatz kann somit national unterschiedliche Industriespezialisierungen als selbstorganisierte Strukturmuster erklären. Jeder Nationalstaat signiert seine Institutionen und Technologien und verfeinert sein Wissen über sie, indem er von der Umwelt lernt und damit überhaupt erst eine Grenze zu ihr schafft. Als Umwelt wird alles bezeichnet, was nicht eigenes System ist. Auch andere Systeme werden als Umwelt aufgefasst. Das bedeutet, dass die Reproduktion von externen industriellen Strukturen nur funktioniert, wenn individuelle oder kollektive Akteure[17] in der Lage sind, die übergeordneten nationalen Signaturen zu entschlüsseln, um Zugang zur Struktur zu bekommen. Dazu sind sie nur fähig, wenn sie denselben Informations- und Wissensstand haben. Das heißt, dass durch spezifische nationale Strukturmerkmale, also durch Institutionen sowie durch einen signifikanten Technologiepool, Handlungsoptionen für Akteure vorgegeben sind. Somit ist eine Kommunikation zwischen Akteuren aus unterschiedlichen Kontexten von Beginn an erschwert, da sie an unterschiedliche soziale Strukturen gebunden sind (*traded & untraded interdependencies*).[18] Wie schaffen es unterschiedlichste Akteure trotzdem kooperationsfähig zu bleiben?

3.2 Institutionen als Handlungsorientierung einer Gesellschaft

Ein interkontextuelles Verstehen ist nur dann möglich, wenn Akteure Muster von Institutionen reflexiv wahrnehmen können. Institutionen werden dabei nicht als bloße organisatorische Strukturen aufgefasst, sondern als Generatoren von Handlungsoptionen für Kommunizierende (*socializing agencies*). Sie kann man quasi als die symbolisch generalisierten Kommunikationsmedien auffassen, die es unterschiedlichen Akteuren überhaupt erst ermöglichen, einander zu verstehen. Institutionen werden in informelle und formelle Institutionen unterschieden. Informelle Bereiche bieten anschlussfähige Kommunikationsfenster an, die Akteure dazu veranlassen, durch Selektion sich freiwillig an diese zu binden.

---

[17] Der Mensch als Individuum spielt in der klassischen Systemtheorie Luhmanns keine Rolle, weil immer von einem gesamtgesellschaftlichen Gefüge ausgegangen wird. Alle Funktionen werden immer auf die Gesellschaft fokussiert. Der Mensch hat also einen vergleichsweise autonomen Status und befindet sich in der Umwelt von Systemen. Kollektive Akteure werden hier als Unternehmen aufgefasst.

[18] Vgl. Depner, S. 25-45.

Durch Erwartungshaltungen und dichotome Codes können Akteure ihre Zugehörigkeit zum System feststellen. Informelle Kennzeichen können beispielsweise Konventionen sein. Sie beschreiben nicht formale Regeln und Normen. Im Gegensatz dazu sind formelle Institutionen rechtlich bindende Regelwerke, die formal überwacht werden. Sanktionsfähigkeiten bestehen in beiden Institutionsarten und sind ausschlaggebend für Motivation, Urteilsbildung und Partizipation.[19]

3.3 Technologien als Fertigkeitspotentiale einer Gesellschaft

„Technologie umfasst sowohl Verfahren als auch Artefakte wie Werkzeuge oder Maschinen zur Produktion von Gütern"[20]. Die systemimmanenten Ordnungselemente erschweren es neuen Technologiemustern zunächst überhaupt vom System wahrgenommen zu werden, da routinemäßige Abläufe die bekannten Muster bevorzugen und reproduzieren. Das heißt die Organisation und Produktion von Technologien ist ebenfalls an gleiche Kontexte gebunden, wenn es um die kommunikativen Operationen Information, Mitteilung und Verstehen geht. Somit können technologische Strukturen als symbolisch generalisierte Kommunikationsmedien auf materieller Basis angesehen werden, die unter Umständen durch ihre jeweiligen nationalen Konfigurationen Umwelteinflüsse in ein System transportieren können, auf die das System gar nicht vorbereitet ist. Dies lässt die natürliche Unwahrscheinlichkeit der Kommunikation zwischen fremden Akteuren nachvollziehbar erscheinen. Grund für die Beständigkeit von Technologien sind wiederum rekursive strukturbildende Prozesse, die im Austausch mit ihrer Umwelt stehen und in regional unterschiedliche Entwicklungspfade münden. Lösungsansätze für technologie-spezifische Probleme werden von unterschiedlichen räumlichen Kontexten beeinflusst. Die vorhandenen lokalen Ressourcen der Umwelt beeinflussen also auch maßgeblich strukturelle technologische (und institutionelle) Fertigkeiten und Fähigkeiten (*localized capabilities*).[21]

[19] Vgl. Depner, S. 43-51.
[20] Depner, S. 38.
[21] Vgl. Depner, S. 38-43.

3.4 Wissen als Innovationsfaktor

Alle Akteure sind Träger eines spezifischen Wissens. Die Dynamik und Flexibilität von Wissen kommt durch die Kommunikation zwischen Akteuren zustande und bietet einen großen Vorteil Komplementärfunktionen auszufüllen, was zu einem qualitativen Sprung führen und Wettbewerbsvorteile darstellen kann. Im besten Fall ergeben sich daraus Innovationen. Das implizite, aus Erfahrungen resultierende Wissen bleibt allerdings für eine Kooperation unbedeutend, wenn eine verbindliche Wissensgrundlage nicht vorhanden ist und eine Partei nur mühsam das *tacit knowledge* der anderen Seite nachvollziehen kann. Der Erwerb externen Wissens, das die eigenen Bestände ergänzt, ist daher wichtige Priorität im Sinne des Innovationsprozesses. Gleichzeitig stellt der Verlust impliziten Wissens zwar keinen eigenen Rückschritt dar, doch das Risiko des Vorsprungverlustes steigt exponentiell an. Unabdingbar für das Zustandekommen von Wissenstransfers sind Vertrauensbeziehungen, die durch Akteure über institutionelle Kommunikation, zum Beispiel durch die gegenseitige Akzeptanz von Konventionen, erreicht werden. Die Einschätzung des anderen kann wiederum nur über die Auseinandersetzung mit der Umwelt gelingen. Erst wenn ein Akteur seine Umwelt kennt, kann er zu anderen Akteuren Vertrauen aufbauen, da er erst dann unterschiedliche Bedingungen für vertrauensvolle Handlungsoptionen generieren kann, bzw. in der Lage ist nach den Vorgaben des sozialen Kontextes zu selektieren. Vertrauen kann durch emotionale Bindungsmechanismen (*emotive trust*) oder durch wiederholte erfolgreiche Kommunikation entstehen (*capacity trust*).[22]

3.5 Kultur: Voraussetzung und Ergebnis erfolgreicher Kommunikation

Als Kultur[23] kann man nicht nur die Umwelt bezeichnen, die von Akteuren desselben Kontextes als vertraut eingeschätzt wird und an diese sie sich angepasst haben. Kultur wird gleichfalls ja erst durch die erfolgreiche Kommunikation zwischen unterschiedlichen Akteuren und Strukturen produziert. Institutionen und Technologien kennzeichnen Kultur als gesellschaftliches Konstrukt, das eine mentale, soziale und

[22] Vgl. Depner, S. 40-43.

[23] Kultur erfährt in der Theorie der sozialen Systeme Luhmanns ebenfalls keine prominente Zuweisung in seiner Theorie-Architektur. Vgl.: Eine Annäherung an den Kultur-Begriff Luhmanns: Hahn, Alois: Ist Kultur ein Medium? In: Burkart, Günther (Hrsg.): Luhmann und die Kulturtheorie. Frankfurt/Main, 2002, S. 40-58.

materielle Ebene umfasst. Diese Ebenen müssen nicht konsequent an territoriale Einheiten geknüpft sein, wie die relationale Wirkung von Globalisierung zeigt. Nationalstaaten stellen dazu eine diametrale Ebene dar, da sie Symbole und Identifikationsmuster wesentlich prägen. Vor allem Metainstitutionen wie Religion oder Ideologien haben eine starke Identifikationsfunktion, mit denen Akteure kognitiv-emotionale Bindungen eingehen und Identität konstruieren.[24]

3.6 Lernprozesse

Da Akteure in ihrer Handlung durch kulturelle, strukturelle und mentale Ebenen erheblich vorgeprägt sind, bedarf es intensiven Lernens um Ordnungsstrukturen nachzeichnen und soziales Kapital generieren zu können. Ohne erfolgreiche Kommunikation würden sich Akteure isolieren. Wirkungszusammenhänge eines gesellschaftlichen Umfeldes werden von den erfahrenen Akteuren durch mentale Schemata entschlüsselt. Dieser allgemeine Sozialisationsprozess stellt die Regel in bekannten Umfeldern dar und wird als *cultural learning* bezeichnet. In einem akteursfremden Kontext greifen die gewöhnlichen Schemata nicht mehr und es kommt zu erheblichen Verzögerungen bei Entscheidungen, da die Zusammenhänge zunächst unbekannt sind. Deutungsmuster des *cultural learning* müssen verworfen und neu ergänzt werden. Diesen Vorgang nennt man *direct learning*. Mentale Denkschemata kann man als reproduzierte System-Umwelt-Reflektionen auf individueller Akteursebene bezeichnen. Die Beeinflussung von individuellen Akteuren durch Institutionen (und in ähnlicher Weise auch durch Technologien) wird auch als *reconstitutive downward causation* bezeichnet. Eine Umkehr dieses Einfluss-Prozesses ist nur sehr schwer möglich.[25]

Der Ansatz lässt verstehen, dass sozio-institutionelle und kulturelle Kontexte nicht nur nebensächliche Elemente bei der Entstehung neuer Industriestrukturen sind. Sie sind vielmehr Voraussetzung für Kommunikation bzw. Interaktion zwischen Akteuren in cincm lokalen Umfeld.

[24] Vgl. Depner, S. 56-62.
[25] Vgl. Depner, S. 52-56.

Der Ansatz betont somit vor allem den technologischen Wandel und die Lernprozesse, die im Zusammenhang mit Produktionssystemen stehen. Die sich reproduzierenden nationalstaatlichen Systeme stehen somit im Widerspruch zu einer globalen konvergenten Entwicklung. Das komplexe Zusammenspiel zwischen Kultur, gesellschaftlichen Prozessen und institutionellen bzw. technologischen Phänomenen ist somit maßgeblich beteiligt an der Etablierung wirtschaftlicher bzw. industrieller Strukturen. Im Folgenden soll veranschaulicht werden, wie die vorgestellten theoretischen Grundgerüste praktisch erfasst werden können.

4. Chinas Automobilbranche im interkulturellen Kontext

4.1 Der chinesische Automobilmarkt: Ein Überblick

Die chinesische Automobilindustrie boomt. China ist im Jahr 2007 „[...] mit großem Abstand der wachstumsstärkste Produktionsstandort [...][26]" der Welt. Dabei haben sich die Vorzeichen deutscher Automobilhersteller aber geändert: Wurden in den letzten zwei Jahrzehnten ausländische Direktinvestitionen noch zum Teil erheblich subventioniert, könnte durch eine geplante Steuerreform im Unternehmerbereich die Attraktivität für Investitionen auf ein Normalniveau herabsinken.[27] Langfristig könnte damit eine Belastung für deutsche Automobilhersteller verbunden sein, denn die Positionierung der deutschen PKW-Industrie in China ist mit Kosten- und Erschließungsproblemen verknüpft: Die Fertigung von Kraftfahrzeugen im Jahr 2005 sank um elf Prozent, während alle anderen deutschen Produktionen im Ausland um ein bis zwölf Prozent anstiegen.[28]

Abb.1: Verlauf der chinesischen Automobilproduktion (1995-2005)[29]

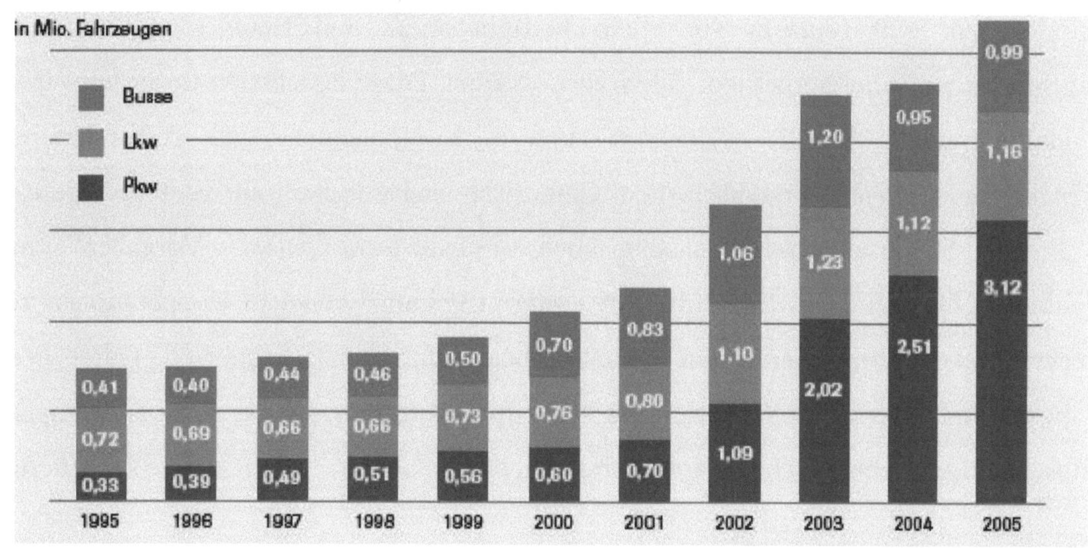

[26] PricewaterhouseCoopers International Limited: Pressemitteilungen: Automobil-Produktion: China in der Pole, aber auch Deutschland 2007 mit Zuwächsen. Frankfurt/Main, 2007. [URL/6].

[27] PricewaterhouseCoopers International Limited: Die Steuerferien sind zu Ende. Frankfurt/Main, 2007. [URL/7].

[28] Vgl.: VDA: Auto-Jahresbericht 2006. Frankfurt/Main, 2006, S. 36. [URL/1].

[29] Quelle: VDA: Auto-Jahresbericht 2006. Frankfurt/Main, 2006, S. 29. [URL/1].

Abbildung 1 verdeutlicht den bemerkenswerten Anstieg der Produktion in der chinesischen Automobilindustrie. China ist für Deutschland der drittwichtigste Produktionsstandort. In der Liste der bedeutendsten Automobilhersteller ist China nach den USA, Japan und Deutschland auf Rang vier und wird bei anhaltendem Wachstum Deutschland verdrängen. Dies ist zum einen auf den gestiegenen Wohlstand in der Gesellschaft zurückzuführen, aus markttechnischer Sicht auf konsequente Investitionstätigkeiten ausländischer Unternehmen. Doch spielt laut Analysten[30] nicht mehr die Quantität von ausländischen Investitionen die ausschlaggebende Rolle, sondern vielmehr der damit verbundene Technologietransfer.[31]

Die Regierung in Peking erlaubt ausländischen Unternehmern nur in Kooperationen mit einheimischen Firmen zu produzieren und hat sich bei ADI restriktive Maßnahmen vorbehalten. Nur Zuliefererbetriebe, die vermehrt im Gefolge von *OEMs*[32] auf den chinesischen Markt drängen, dürfen auch Tochtergesellschaften (*WFOEs: Wholly Foreign Owned Enterprises*) gründen und sind nicht ausschließlich an *joint ventures* gebunden.[33]

Im Zuge von Umstrukturierungsmaßnahmen, sind seit Bestehen von deutsch-chinesischen *joint ventures* vor allem Fertigungstiefe und Entwicklungsaufgaben zunehmend an Zuliefererbetriebe übertragen worden. Diese lassen sich in System- und Modullieferanten (*First-Tier-Zulieferer*) und in Komponenten- und Teilezulieferer (*Second-Tier-Zulieferer*) unterscheiden. Chinesisch-ausländische joint ventures, die ca. 90 Prozent der Gesamtproduktion ausmachen, sind auf *local content* – Vorgaben[34] und Qualitätsrichtlinien angewiesen; die Regierung in Peking[35] versucht Kooperationen zu steuern und zu kontrollieren, um einheimische Produzenten zu schützen. Durch den Kapital- und Know-How-Transfer hat sich in den letzten Jahren eine zunehmend selbstständige chinesische Automobilbranche etabliert, die exportorientierte

---

[30] Vgl.: Kühl/ Muscat. [URL/5].

[31] Vgl.: VDA: Auto-Jahresbericht 2006. Frankfurt/Main, 2006, S. 29-31; S. 187 [URL/1].

[32] Original Equipment Manufacturer

[33] Vgl. Depner, S. 87-97.

[34] Bei Produktionsbeginn müssen ausländische Partner einen lokalen Beschaffungsanteil von 40% vorweisen. Die local-content-Quoten werden aber inzwischen durch Zollabgaben bei zu hohen Importproduktionen abgelöst, um den Zulieferer-Markt effizienter zu gestalten. Da die Transaktionskosten für deutsche Unternehmen bei der Entwicklung von chinesischen Zulieferern sehr hoch sind, werden zunehmend deutsche oder ausländische Zulieferer bevorzugt, weil deren Wissensbasis erfolgversprechender ist.

[35] Jedoch sind immer mehr dezentrale Tendenzen zu beobachten. Provinzen, Militärs und Ministerien haben jeweils unterschiedliche eigene Interessen.

Produktionen und Entwicklungen anstrebt.[36] Im Zusammenhang mit der Emanzipation und Konzentration chinesischer Automarken durch staatliche Initiativen gibt es immer wieder Fälle von Produktpiraterie und Missbrauch geistigen Eigentums.[37]

4.2 Joint Ventures als Knotenpunkt kultureller Einflüsse

Der Erfolg von *joint ventures* kann nur gewährleistet werden, wenn die Zusammenarbeit der deutschen und chinesischen Mitarbeiter gut funktioniert. Aufgrund von inhomogenen Unternehmensnetzwerken und angesichts differenter gesellschaftlicher und kultureller Kontexte, implizieren Koordinationsprozesse ein hohes Konfliktpotential.[38] Vor allem chinesische Zulieferer haben häufig unterschiedliche Vorstellungen über Strategie, Produktionsmittel und Arbeitsorganisation. Dazu kommen Zertifizierungsprobleme, Qualitätsdifferenzen und vor allem Divergenzen der Produktionstechnologie auf kooperativer Ebene, weil chinesische Autobauer es lange Zeit gewohnt waren, ausländische Originale nachzuahmen. Die genaue Einhaltung von spezifischen Qualitäts- und Sicherungsverfahren sind im chinesischen Herstellerbewusstsein viel weniger verankert als im deutschen Produktionsverständnis.[39] Die Herkunft aus verschiedenen Innovationssystemen und die daraus resultierenden Produktions- und Organisationskonflikte werden durch die Komplexität eines Zulieferernetzwerks mit ebenfalls interkulturellen Umfeldern erweitert. Deutsche Hersteller wünschen sich eine Anpassung chinesischer Lieferanten an standardisierte Institutionen und Technologien, müssen aber im Gegenzug kommunikative und soziale Lernkompetenzen entwickeln, die auf kulturellem Verstehen basieren, ohne dabei ihr Wissen preiszugeben zu wollen. Chinesische Hersteller wünschen sich einen reibungslosen Kapital- und Technologietransfer, müssen aber auf Zuliefererebene qualitative Kompetenzen erwerben und auf Kooperationsebene kommunikative Fähigkeiten besitzen, um aus einer Zusammenarbeit Wettbewerbsvorteile ziehen zu können.

[36] Vgl. Depner, S. 87-99.

[37] Vgl. Depner und sein Beispiel des Konzerns SAIC (Shanghai Automotive Industrial Corporation), S. 99-101.

[38] Studien gehen von einer Misserfolgsquote aus, die bei internationalen *joint ventures* zwischen 37 und 70 Prozent liegen soll.

[39] Vgl. Depner, S. 126-140.

4.3 Akteurszentrierungen

Allein technisch-bürokratische Effizienz reicht nicht aus, Kooperationen erfolgreich zu gestalten. Es kommt automatisch zu Sympathien und Antipathien, zu kultureller Nähe oder Ferne. Kulturelle Ferne zeichnet sich dadurch aus, dass die endogenen Potentiale, die in Sozial- und Kommunikationsstrukturen verborgen liegen, nicht genutzt werden. So bestehen in der chinesischen Gesellschaft informelle individuelle und kollektive Institutionenmuster, die mit dem tayloristischen Denken deutscher Investoren nicht korrespondieren und die es erschweren, konstruktive Zusammenarbeit zu gewährleisten. Ein wichtiger Umstand bei der Analyse von interkulturellen Beziehungen stellt eine akteurszentrierte Perspektive dar. Ohne sie wären kulturelle Elemente statisch und austauschbar. Es geht jedoch vielmehr darum, wie beteiligte Akteure lernen, die kulturell gegebene Ferne zu vermindern und Nähe zu schaffen. Nur Akteure sind fähig, Technologien und Institutionen, also Strukturmerkmale anderer Systeme, die in Austauschprozessen mit ihrer Umwelt stehen, zu beobachten und zu verstehen.[40] In Unternehmen übernehmen Expatriates die Schlüsselfunktion, um kooperative Einheiten zu schaffen. Zwar sind Gelingen und Scheitern von Gemeinschaftsunternehmen auch im Verhältnis von Entscheidungskompetenzen und Kapitalanteilen begründet, doch sollten unabhängig von einem Ungleichgewicht der Unternehmensfunktionen, harmonisierende Beziehungen auf individueller und kollektiver Akteursebene angestrebt werden. Dies ist nur durch Lernprozesse möglich. Für Expatriates ist die Kontrolle über strukturelle Einheiten am einfachsten, wenn sie bestehende institutionelle und technologische Ressourcen nicht zwanghaft modifizieren, sondern sich reflexiv mit ihnen auseinandersetzen.[41] Wie äußern sich nun diese kulturellen Unterschiede in deutsch-chinesischen Kooperationen oder Zuliefererbeziehungen?

4.4 Konflikte deutsch-chinesischer Zusammenarbeit

Aufgrund von starken Einflüssen der Kommunistischen Partei Chinas kann es bei Expatriates zu starkem Misstrauen auf zwischenmenschlicher Ebene kommen.

[40] Vgl. Depner, S. 143-155.
[41] Vgl. Depner, S. 146-156.

Eine Isolation von verantwortlichen deutschen Führungskräften kann die Folge sein[42], die angesichts massiven Einflusses von staatlicher Seite, in organisatorischen oder produktionstechnischen Fragen resignieren. Ein viel geringeres Verantwortungsgefühl bei chinesischen Kollegen führt zu gegenseitigen Missverständnissen, die in ernsthafte Konflikte münden können, bei denen deutsche Manager das Ehrgefühl des Gegenparts oftmals unterschätzen und unkontrolliert und offensiv agieren, so dass der chinesische Partner „das Gesicht verliert[43]". Diese Probleme sind in der kollektivistischen Struktur chinesischer Gesellschaften zu verorten, die mit dem aufgeklärten Individualismus der westlichen Welt wenig gemein haben. Diese Fremde resultiert auf wiederum aus einem differenten Familienverständnis, aus (neo-)konfuzianischen Lehren und schließlich aus der sozialistischen Staatsideologie. Allgemeine Defizite von deutschen Führungskräften im Sprach-, Geschichts- und Kulturverständnis ergänzen die Kooperationsprobleme zusätzlich.

Weiterhin sind Respektlosigkeit und Überlegenheitsgefühl gegenüber lokalen Arbeitskräften bei deutschen Führungskräften zu beobachten. Zum Beispiel dann, wenn Verfahrensabläufe und Arbeitsorganisation nicht so ausgeführt werden, wie dies in deutschen Kontexten üblich ist. Deutsche Manager lassen häufig ein Gespür für Mitarbeiterführung vermissen, weil sie von der Richtigkeit ihrer Anweisungen absolut überzeugt sind und selbst Ordnungs- und Sauberkeitsvorstellungen auf das chinesische Umfeld projizieren[44].

Ein praktischer Kommunikationskonflikt ergibt sich aufgrund der sehr unterschiedlichen Sprachen. Dolmetscher können zwar hervorragende Simultanarbeit leisten und nonverbale Faktoren berücksichtigen, doch werden sie nie die komplexe Systematik und Denkweise beider Fraktionen ausreichend wiedergeben können. Dabei sind es diese immanenten, tief verwurzelten informellen Schemata, die ausschlaggebend sind, für die Annahme oder Ablehnung von anschlussfähiger Kommunikation.

[42] Diese äußerte sich in einem Beispiel Depners qualitativer Studie dadurch, dass sich deutsche Expatriates räumlich abschotteten, der Köchin beigebracht hatten „deutsche Gerichte zu kochen" und von der Überlegenheit ihrer Arbeit überzeugt waren. Das Zitat „langsam lernen die Chinesen", verdeutlicht die arrogante wirkende Überheblichkeit und Ignoranz gegenüber chinesischem Personal, auch wenn sie aus deutscher produktionstechnischer Sicht wohl der Wahrheit entsprach. Vgl.: Depner, S. 165 f.

[43] Soziale Anerkennung und Missachtung, der „Gesicht bewahren - Gesicht verlieren"- Mechanismus, heißt im chinesischen Gebrauch *mianzi*. Je mehr „Gesicht" ein Akteur hat, desto mehr Respekt wird ihm entgegengebracht.

[44] Fehlende Sensibilität auf der Ebene zwischen deutschen Vorgesetzten und chinesischen Beschäftigten äußert sich zum Beispiel durch Nichtausredenlassen von hierarchisch niedriger gestelltem Personal. Vgl. Depner, S. 185.

Ein weiterer Grund der oftmals beobachteten Kommunikationsschwierigkeiten ist die mangelnde Vorbereitung deutscher Führungskräfte auf ihren Auslandseinsatz, sowie die fehlende begleitende Beratung und Konsultation vor Ort. Versuche, transkulturelle Barrieren im Gegenzug durch Schulungsseminare für chinesische Arbeitnehmer zu überbrücken, führen meist zu Ablehnung und Missgunst, da diese einen unterschwelligen „Kulturchauvinismus[45]" implizieren.[46] Andererseits muss auch das Desinteresse chinesischer Führungskräfte und Arbeitnehmer an deutschen Expatriates genannt werden. Die soziale Isolation deutschen Personals kann dadurch erklärt werden, dass chinesische Akteure zwar berufliche freundschaftliche Haltungsweisen erwarten und sogar voraussetzen, eine private freundschaftliche Beziehung aber nicht eingehen wollen. Da auch deutsche Manager strikt ihr Berufs- vom Privatleben trennen, sind stabile Freundschaften selten. Zudem spielt die hohe Fluktuation von deutschen Führungskräften eine Rolle, da sie befristet, oft nur fünf Jahre, nach China entsandt werden.[47]

4.5. Bikulturelle Chancen

Gerade aber die Kommunikation zwischen zwei Parteien erzeugt durch nachfolgende Handlungen neue kulturelle Muster. Insofern können Joint Ventures Brutstätten für völlig neue Unternehmenskulturen sein. Im deutsch-chinesischen Beispiel sind die Berücksichtigung von *guanxi,* von netzwerkartigen persönlichen Beziehungen, von herausragender Bedeutung bei der Betrachtung von Handlungsorientierungen. Diese fein gesponnenen Beziehungsgeflechte sind maßgeblich am Erfolg von Geschäften beteiligt. Durch Lernprozesse können Akteure gewohnte kognitive Schemata durch neue ersetzen, um Zugang zu dieser sehr informellen Art von Institution zu gelangen. Verbindliche Verträge können somit schnell ihre Bedeutung verlieren und durch Gegenseitigkeitsverhältnisse ersetzt werden, die eine unterschiedliche Vertrauensreichweite implizieren. *Renqing* sind Teile dieser Beziehungsstrukturen, die wechselseitige Gefallen und Hilfsbereitschaft zum Ausdruck bringen. Die Toleranz gegenüber diesen prägenden Mechanismen und das Wissen um die Gepflogenheiten der chinesischen

[45] Feuser, S. 133.
[46] Vgl. Feuser, S.133-135.
[47] Vgl. Feuser, S. 178 f.

Verhandlungssprache ermöglichen es diese für sich nutzen zu können. So kann diese spezielle Art von sozialen Kompetenzen ausschlaggebend für Wettbewerbsvorteile sein.[48]

Indem man beispielsweise Mitarbeiter zu Wort kommen lässt und ihren praktischen Rat in Produktionsabläufen konsultiert oder chinesische Schlüsselfiguren zum Essen einlädt und ihnen bei passenden Anlässen Geschenke macht, werden vertrauensvolle Beziehungen nachhaltig aufgebaut und gesichert.[49] Durch die Vernachlässigung von *guanxi* wird eine deutsche Führungskraft niemals das Ansehen und die Macht erlangen, die notwendig sind, um sich bei Mitarbeitern oder Managementpersonal Respekt zu verschaffen. Akteure, denen es gelingt die kulturellen Grenzen in strukturelle Kopplungen umzuwandeln und beispielsweise das transitive *guanxi* – Netzwerk nutzen können, werden *boundary spanners* genannt.[50]

Auch die private Lebensgestaltung im chinesischen Umfeld kann für ausländische Fachkräfte eine gewichtige Rolle bei der Integration in chinesische Gesellschaftsweisen haben. Findet auch im Privatbereich, zum Beispiel in der Wohnsituation oder in der Freizeitgestaltung, ein Lernprozess an die chinesische Umwelt statt, wird die interkulturelle Kompetenz substanziell erweitert.[51] Durch funktionierende Zusammenarbeit können Synergieeffekte entstehen, die die Kompetenzen und das Wissen zweier Innovationssysteme vereinigen, woraus ein Wettbewerbsvorteil gegenüber anderen Produzenten erreicht werden kann. Somit können kulturelle Kompetenzen produktionstechnische Mängel kompensieren, da durch die intensiven Netzwerkgeflechte Unternehmensbeziehungen entstehen, die weit über den formellen Institutionscharakter des deutschen Umfeldes hinausgehen.

5. Abschließende Gedanken

Direktinvestitionen in China sind mit vielfältigen Gefahren und Risiken verbunden, bieten aber gleichzeitig sehr große Chancen. Sieht man von einigen wenigen Tochtergesellschaften ab, die ihre Unternehmensstruktur beibehalten können, setzen in

[48] Vgl. Depner, S. 187-190.
[49] Vgl. Depner, S. 166-174.
[50] Vgl. Depner, S. 199-203.
[51] Vgl. Feuser, S. 176-179.

den vorherrschenden Joint Ventures Integrations- bzw. Kooperationsprobleme zwischen chinesischen und deutschen Akteuren ein. Deutsche Zulieferer oder Originalhersteller stehen vor der schwierigen Aufgabe in einem neuen politischen, wirtschaftlichen und kulturellen Umfeld ihre Unternehmensstruktur zu reproduzieren. Die natürlichen restriktiven politischen und wirtschaftlichen Rahmenbedingungen, wie etwa Staatsintervention oder Steuerabgaben, werden durch neue kulturelle Konventionen ergänzt. Nationale Innovationssysteme sind dafür verantwortlich, dass systemimmanente Institutionen und Technologien im Laufe der Zeit verfestigt wurden. Diese Operationen gilt es für deutsche Unternehmen im chinesischen Ausland zu modifizieren, indem die kognitive Offenheit des deutschen Innovationssystems gegenüber der Umwelt (dem chinesischen Innovationssystem) mit neuen Schemata ausgestattet und eine Kommunikation ermöglicht wird. Durch den resultierenden Lernprozess werden neue Strukturen reproduziert, die neue Handlungsorientierungen bedingen und den Akteuren Zugang zu institutionellen und technologischen Fähigkeiten und Fertigkeiten des jeweils anderen Systems geben.

Dass die Reproduktion von kulturellen Elementen dabei ausschlaggebend für den Erfolg oder das Scheitern von Kooperationen sein kann, zeigt die Notwendigkeit von intuitiven, sozialen und kulturellen Kompetenzen in den Führungsetagen chinesischer und deutscher Unternehmer. Zwar kann es in Joint Ventures (und WFOEs ohnehin) vereinzelt vorkommen, dass die Machtdominanz der deutschen Führung chinesische Angestellte zur Anpassung an ihre originäre Firmenstrategie zwingt, doch sind in der Regel die Rollen im Spiel um Einfluss und Macht anders verteilt: Zumeist muss sich die deutsche Seite fähig zeigen, sich den chinesischen Kontexten anzupassen, weil sie permanent mit differenten Kommunikations- und Verhaltensstilen konfrontiert wird und sie schließlich die Gäste in einem fremden Land sind und nicht umgekehrt. Die vielfältigen beobachteten Schwierigkeiten resultieren aus dem Beharren auf national gesteuerten mentalen Schemata und Unfähigkeiten, Lernprozesse einzuleiten. Daraufhin werden Verhaltensnormen angewandt, die sich unter dem Begriff Stereotype subsumieren lassen. Kulturelle Kompetenzen sind maßgeblich am Erfolg von chinesisch-deutschen Kooperationen beteiligt, sind aber in feste ökonomische und politische Rahmenbedingungen integriert.

Trotzdem kann es koordinierten Unternehmen gelingen eine neue Unternehmenskultur zu etablieren, die transnationalen Charakter annehmen kann, wenn es gelingt die eigene *corporate identity* von der Last der nationalen Industriebasis zu befreien. Auf industrieller Ebene könnte also eine neue Kultur entstehen. Wie weit allerdings Einfluss und Macht deutscher Partner im chinesischen Ausland ausreichen politische oder kulturelle Entwicklungen zu beeinflussen, bleibt angesichts beharrender ideologischer Tendenzen fraglich. Ein gutes Investitionsklima ist jedoch ein guter Indikator, dass eine Schwellennation in den transnationalen Markt überführt wird und kann Ergebnisse erzielen, von denen die ganze Gesellschaft profitiert.[52] Wie dieser Prozess mit kulturellen Elementen behaftet ist, war Thematik dieser Arbeit.

[52] Vgl. zur Bedeutung des Investitionsklimas: Bundeszentrale für politische Bildung (Hrsg.): Weltentwicklungsbericht 2005: Ein besseres Investitionsklima für Jeden. Kleve, 2005, S. 1-19.

Literaturverzeichnis:

1. Bathelt, Harald/ Glückler, Johannes: Wirtschaftsgeographie. Stuttgart, 2002.
2. Bundeszentrale für politische Bildung (Hrsg.): Weltentwicklungsbericht 2005: Ein besseres Investitionsklima für Jeden. Kleve, 2005.
3. Depner, Heiner: Transnationale Direktinvestitionen und kulturelle Unterschiede. Bielefeld, 2006.
4. Feuser, Florian: Der hybride Raum. Chinesisch-deutsche Zusammenarbeit in der VR China. Bielefeld, 2006.
5. Fischer, Doris: Chinas sozialistische Marktwirtschaft, in: Bundeszentrale für politische Bildung (Hrsg.): Informationen zur politischen Bildung, 289: Volksrepublik China. Bonn, 2005, S. 9-14.
6. Fischer, Doris: China in der Weltwirtschaft, in: Bundeszentrale für politische Bildung (Hrsg.): Informationen zur politischen Bildung, 289: Volksrepublik China. Bonn, 2005, S. 15-21.
7. Hahn, Alois: Ist Kultur ein Medium? In: Burkart, Günther (Hrsg.): Luhmann und die Kulturtheorie. Frankfurt/Main, 2002, S. 40-58.
8. Heilmann, Sebastian: Kurze Geschichte der Volksrepublik China, in: Bundeszentrale für politische Bildung (Hrsg.): Informationen zur politischen Bildung, 289: Volksrepublik China. Bonn, 2005, S. 5-9.
9. Gu, Xuevu: China als Akteur der Weltpolitik, in: Bundeszentrale für politische Bildung (Hrsg.): Aus Politik und Zeitgeschichte, 49. Bonn, 2006, S. 3-8.
10. Kreft, Heinrich: China - die soziale Kehrseite des Aufstiegs, in: Bundeszentrale für politische Bildung (Hrsg.): Aus Politik und Zeitgeschichte, 49. Bonn, 2006, S. 15-19.
11. Kutschker Michael/ Schmid, Stefan: Internationales Management. 4., bearbeitete Auflage. München, Wien, 2005.
12. Luhmann, Niklas: Soziale Systeme. Grundriß einer allgemeinen Theorie. Frankfurt/Main, 1984.

Internetquellen:

13. [URL/1]:http://www.vda.de/de/service/jahresbericht/files/VDA_2006.pdf (12.06.07)
14. [URL/2]:http://www.unctad.org/en/docs/wir2006_en.pdf (12.06.07)
15. [URL/3]:http://www.bundesbank.de/download/volkswirtschaft/mba/2006/200609mba_direktinvestitionsbeziehungen.pdf (13.06.07)
16. [URL/4]:http://www.bpb.de/wissen/VULE3D,0,0,Ausl%E4ndische_Direktinvestitionen_%28ADI%29_pro_Jahr.html (13.06.07)
17. [URL/5]:http://www.ftd.de/politik/international/150993.html (14.06.07)
18. [URL/6]:http://www.pwc.de/portal/pub/!ut/p/kcxml/04_Sj9SPykssy0xPLMnMz0vM0Y_QjzKLd4p3dg0CSZnFG8QbeXvrR0IYATAxR4RIkL63vq9Hfm6qfoB-QW5oRLmjoyIArJ-n3g!!?siteArea=49c234c4f2195056&content=e5e49d06d5217fb&topNavNode=49c4e4a420942bcb (14.06.07)
19. [URL/7]:http://www.pwc.de/portal/pub/!ut/p/kcxml/04_Sj9SPykssy0xPLMnMz0vM0Y_QjzKLd4p3dgoDSZnFG8QbeXvrR0IYATAxR4RIkL63vq9Hfm6qfoB-QW5oRLmjoyIA7kwY6Q!!?siteArea=49c4e38420924a4b&content=e58127051eb1017&topNavNode=49c4e38420924a4b (15.07.06)